世界真奇妙：送给孩子的手绘认知小百科

大脑

蟋蟀童书 编著　刘晓 译

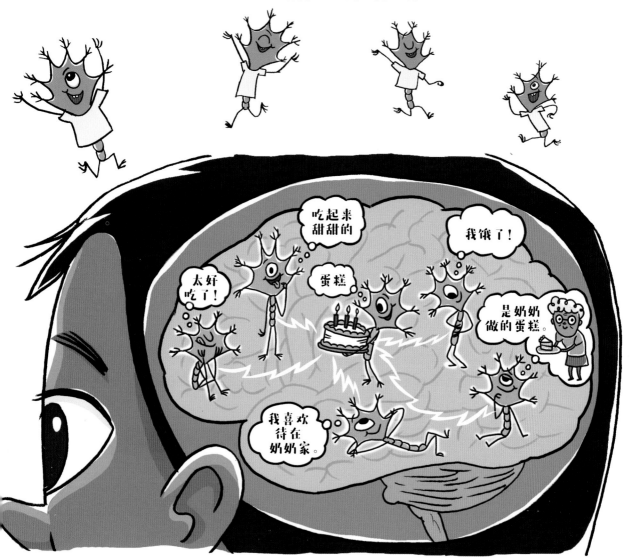

中国纺织出版社有限公司

图书在版编目（CIP）数据

世界真奇妙：送给孩子的手绘认知小百科. 大脑 /
蟋蟀童书编著；刘晓译. -- 北京：中国纺织出版社有
限公司，2021.12

ISBN 978-7-5180-6593-6

Ⅰ.①世… Ⅱ.①蟋… ②刘… Ⅲ.①科学知识－儿
童读物②大脑－儿童读物 Ⅳ.①Z228.1②R338.2-49

中国版本图书馆CIP数据核字（2019）第184133号

策划编辑：汤　浩　　责任编辑：房丽娜　　责任校对：高　涵
责任设计：晏子茹　　责任印制：储志伟

中国纺织出版社有限公司出版发行
地址：北京市朝阳区百子湾东里 A407 号楼　邮政编码：100124
销售电话：010—67004422　传真：010—87155801
http://www.c-textilep.com
中国纺织出版社天猫旗舰店
官方微博http://weibo.com/2119887771
北京佳诚信缘彩印有限公司印刷　各地新华书店经销
2021年12月第1版第1次印刷
开本：787×1092　1/16　印张：14.75
字数：250千字　定价：168.00元 / 套（全8册）

凡购本书，如有缺页、倒页、脱页，由本社图书营销中心调换

揭秘大脑

小朋友，你是不是对自己的大脑充满了好奇？

大脑是我们身体的指挥中心，

大脑可以控制我们的运动和语言，

让我们产生不同的感觉和情绪，

使我们人类成为地球上最聪明的生物。

不过，关于大脑，

还有很多我们未知的奥秘。

现在，快来和我们一起开启大脑探索之旅吧！

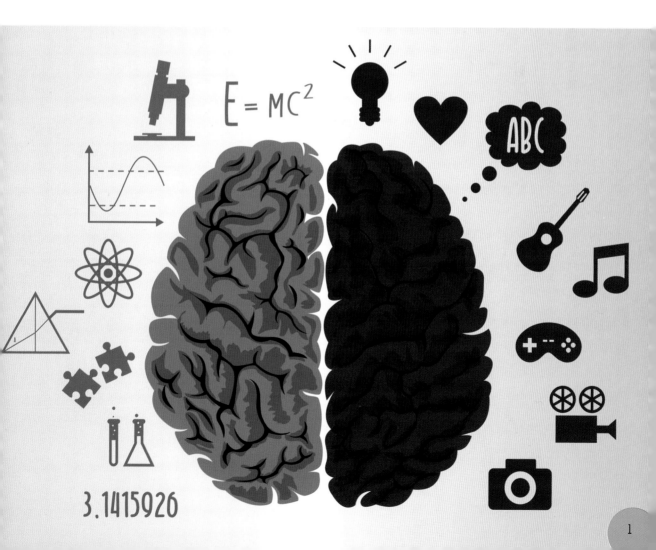

趣闻逸事

伊丽莎白·普勒斯顿　文

太空伸展

斯科特和马克是一对同卵双胞胎兄弟，他们俩都是宇航员。斯科特曾在国际空间站待了340天。斯科特生活在太空的时候，马克生活在地球上。美国国家航空航天局（NASA）的科学家们通过对他们的研究，来探索太空生活对人类身体的影响。

失重的生活会导致肌肉和骨骼的力量变弱、视力衰退。但在太空中的斯科特刚返回地球的时候，比双胞胎哥哥高了5厘米。原来，没有了地球的重力（吸引力），斯科特的脊柱伸长了一些，所以他就"长高"了。但是，斯科特并没有得意太久。回到地球后不到两天，地球重力（吸引力）又把他伸长的脊柱拉回到了正常的长度。

令人毛骨悚然的爬虫室友

你是否感觉自己并不是孤身一人？没错，你的感觉是对的。其实，不管你住在哪里，总有一些昆虫陪在你身边。

科学家们曾经做了实验，他们检查了一些家庭的床底和家具背后，打扫了天花板、脚踏板和书架。

他们用镊子、网、吸尘器收集到了很多小虫子。不论小虫子是死了是活着，他们都把它们收集在一起，甚至蜘蛛网

你把这些小虫子扫到我的盘子里吧！

我们更喜欢现在小巧美丽的样子。

你是一只犰狳吗?

犰狳是一种哺乳动物,和猫一样大,身上长满鳞片。犰狳生活在美国西南部的干燥区域,在很久之前,这里曾住着一种完全不同的动物。

在最后一个冰川时代之前,披着厚重装甲的巨型动物——雕齿兽和猛犸象、剑齿猫一起生活在南美洲。雕齿兽的外壳又大又圆,尾巴长得像流星锤。有的雕齿兽和小汽车一般大。雕齿兽已经灭绝了1万年左右,我们是通过化石才认识它们的。之前,科学家认为雕齿兽是犰狳的远房亲戚。但在研究了从雕齿兽外壳化石中提取的DNA后,科学家们发现雕齿兽根本不是犰狳的远房亲戚,它们就是巨型犰狳。

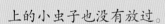

上的小虫子也没有放过。

科学家们发现即便是在那些看上去非常干净的家庭里,也能找到93种不同种类的虫子。这些虫子里多是无害的小苍蝇、甲壳虫、蜘蛛、黄蜂和蚂蚁。像跳蚤、白蚁、臭虫这些有害的并不常见。所以放心吧!这些小虫子只吃小虫子!

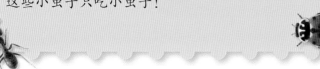

知识竞赛

内斯特码头

杰弗里·艾博勒 文

知识竞赛明天就开始了，你们准备好了吗？

这些小朋友都太聪明了。我得想找办法给我的大脑充充电。

你应该和我们一块儿学习。

那样太慢了。我需要让我的大脑迅速开窍。

我可以发明一些东西。

特里普，别担心，我有办法。

第二天

啊啊啊啊啊啊

为了变聪明，昨晚我把所有方法都试了个遍。

我快速地浏览了百科全书的每一页。

菲尔，这样你的眼睛会受伤的。

罗纳，我的眼睛好着呢。

我一整晚没合眼。

我睡觉的时候还在听电子书，这样我可以一边睡觉，一边学习了。

4

大脑的秘密

神经系统科学家 娜塔莉·弗雷德里克和劳拉·沙纳汉　文

帕特丽夏·维恩　绘

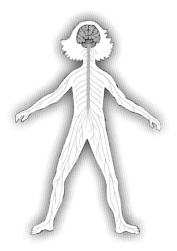

问 什么是大脑？为什么我们长了大脑？

答 大脑是机体功能的器官，它呈淡粉色，质地柔软，布满褶皱。它是身体的指挥中心。大脑接收感觉器官发来的信号，然后进行思考，做出决定，再给身体发出如何行动的指令。你的大脑还储存了很多对过去的记忆。正是你的大脑让你独一无二。在大脑的指挥下，你身体的各个部位各司其职，协同工作。

大脑是神经网络的中心，神经网络也叫信号通道，它遍布全身。

大脑里面的组成结构形状怪异，这些结构可保持身体机能运转、形成记忆。

扣带皮层：帮你理解情绪、学习和记忆。

丘脑：指挥大脑内部的交通，将神经信号传递至对应区域。

海马体：形成记忆。

下丘脑：控制摄食、睡眠和体温。

杏仁核：产生情绪。

嗅球：感觉气味。

小脑：调节身体平衡，帮助身体学习如何运动。

海马体里面住着海马吗？

像手脚一样，大脑也分左脑和右脑，所以它们总是成对出现。

脑干：连接大脑和身体，控制呼吸和心跳。

大脑 的外层叫作皮质或者灰质（皮质是外皮的意思，就像树的树皮那样）。皮质负责思维。不同的皮质区域负责不同的思维任务。但是，每个区域又错综复杂地连接在一起，相互合作。

大脑和神经由神经元组成，这是一种长长的，末端分叉的细胞。

这张图展示了大脑的几个特殊的区域，大脑的另一面和大脑内部还有更多特殊区域。

用感官来识别物体

指挥身体运动

理解词语

看

观察，计划行动

触觉

语言

计划，决策，控制情绪

听

说

科学家们是如何知道大脑每个区域都有什么功能的？医生们发现，如果大脑的某个区域生病了，人们就会丧失某个特定的能力。这帮助科学家们画出了这张大脑图。

闻

皮质的里面是 **白质** 。白质就像是大脑的高速公路，里面布满了神经纤维，连接着大脑的各个部位。

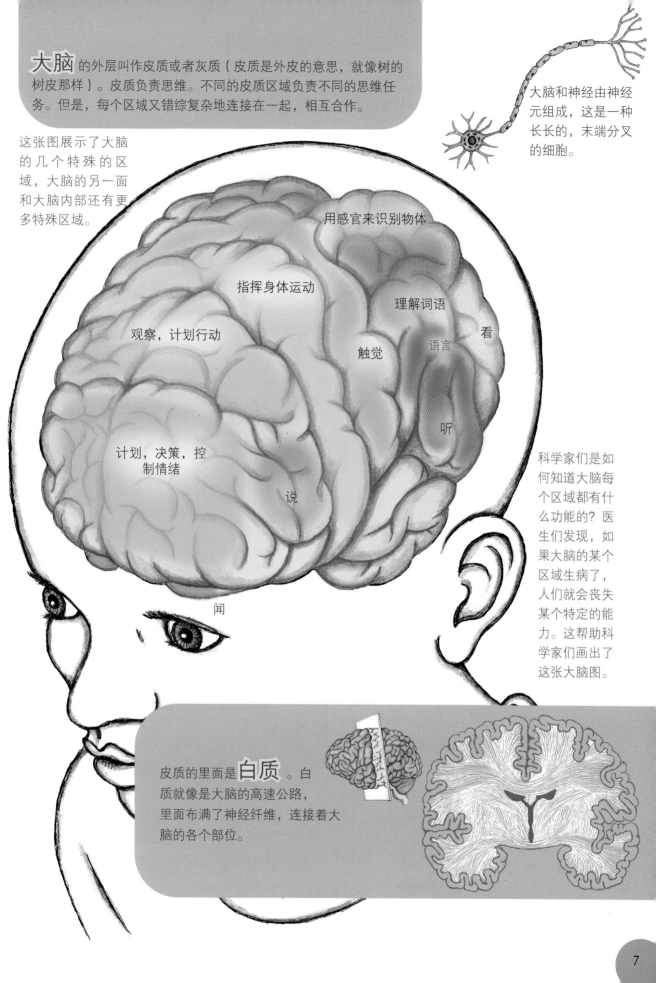

答 问得好！简单地说，大脑里大量的神经元彼此以一种特殊的方式传递信息，就形成了你的思维。

当你在思考的时候，整个大脑都在工作。但你额头那里的大脑区域——前额叶皮质被称作"思维司令部"。因为这一部分负责计划和做出决定。它还帮助你控制情绪，所以你不会和你的姐妹打架，也不会在教室里大吵大闹。不过所有的事情，还是需要大脑其他部分的参与。思维非常复杂，还有很多是有待我们了解的。

轴突 树突

轴突

树突

真正的神经元之间传递信号的过程非常复杂。每个轴突可能都连接着1万多个树突。

有本事你把它画出来。

一个神经元的轴突通过释放化学物质，跨过突触间隙传递给另一个神经元的树突，就完成了神经元之间的信号传递。当一个神经元收到了足够多的信号，就会产生脑电波，脑电波传到轴突，又向下一个神经元释放化学物质。通过信号传递，神经元释放出的化学物质会得到补充，让神经元恢复原样。

未解之谜

我们脑海中大概的、抽象的想法是怎么形成的？比如"动物"或"奇怪的"这样的想法？

快看，一只小狗。

快跑！

仅仅一个想法就能把大脑里所有的神经元连接起来。

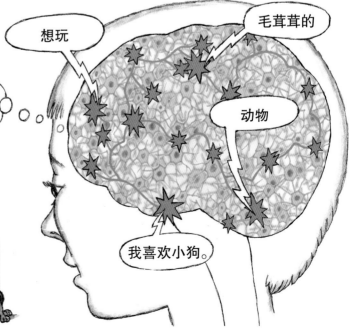

想玩

毛茸茸的

动物

我喜欢小狗。

答 如果你看到一只小狗的同时，又听到"狗"这个词，不同的神经元会产生共鸣。在这之后，当其中一个神经元产生冲动，另一个神经元也会有相同的反应。如果这种情况发生了很多次，这两个神经元之间就形成了一条通路，也就是记忆。

大脑里的海马体决定要保留什么记忆，以及这些记忆要保存多久。海马体会加深那些让你开心（看到小狗）、难过（不要吃肥皂！）或者紧张（马上要考试了！）的事情留下的记忆。你的记忆储存在整个大脑里。那些短暂的记忆，比如鞋子放哪儿了，很快会被你忘记。但是长期记忆可以长年累月，甚至一生都留在你的脑海里！

当形成记忆的脑细胞之间的联系变弱或者消失的时候，你就会忘记一些事情。记忆和遗忘都是非常重要的，因为记忆是你生活中重要的组成部分。

未解之谜

记忆是如何在大脑中编码的？

神经元彼此连接，产生共鸣。

狗

问 **我们睡觉的时候，大脑也会休息吗？**

答 睡着以后，你的大脑也不会关机。实际上，在睡觉的时候，大脑是非常活跃的。睡觉时，你会经历从浅睡到深睡等不同阶段的睡眠状态，你的脑细胞之间一直在传递信息。其中的一些信号会使你产生梦境。在你深度睡眠的时候，大脑会把重要的信息从短时记忆变成长时记忆。所以，睡眠非常重要！睡觉的时候，你的大脑会储存记忆，清理内存，重新迎接新的一天。

问 人们为什么会头痛？

答 虽然头痛好像是大脑里面疼，其实大脑本身不会感觉到疼痛，因为大脑里没有疼痛传感器。大脑周围有毛细血管网，毛细血管膨胀时，就会产生疼痛的感觉。头痛药就是帮助舒缓这些毛细血管，这样它们就不会再传出太多的疼痛信号。

一些导致头疼的常见因素有：

· 脑袋、下巴或者肩膀的肌肉紧张
· 脑袋撞到了什么东西
· 缺水
· 吃了太凉的东西（脑冻结）
· 睡眠不足
· 长时间盯着屏幕
· 生病（普通感冒或者流感）

偏头痛是一种严重的头痛病，病因可能是大量神经元紊乱，但科学家们不知道确切的原因。

事实上，关于头痛，我们还有很多未知需要探索。头痛有时也是大脑生病或受伤的信号，如果你头痛得厉害，一定要告诉医生。

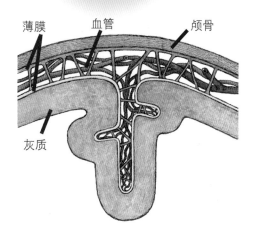

薄膜　血管　颅骨

灰质

在颅骨里，你的大脑由两层薄膜保护着，两层薄膜之间有毛细血管。这两层薄膜保护大脑远离有害物质，只让氧气和能量进入大脑。

大多数的头疼都是由大脑周围的毛细血管引起的。这些血管对大脑来说非常重要，因为大脑比身体的其他部位更需要能量。所以，思考也是一件体力活！

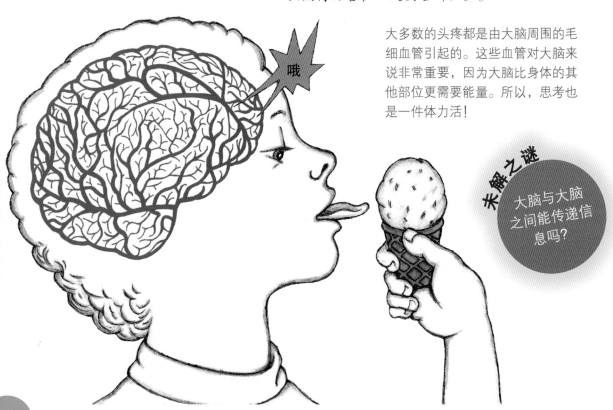

哦

未解之谜

大脑与大脑之间能传递信息吗？

问 为什么那首难听的歌一直回绕在我脑海里？

这首歌真是没完没了！

答 你有没有过这样的经历：有一首歌或者一段旋律在你的脑海中回响个不停？它就是停不下来！几乎每个人都碰到过这种"耳朵虫（不停地重复一段旋律）"。科学家们还没有找到确切的原因。但他们发现当你对某件事情兴奋不已或者满怀期待的时候，"耳朵虫"更容易找上你。他们还发现，"耳朵虫"一般朗朗上口，且韵律稍有些不符常规。想要赶走"耳朵虫"，你可以哼一些通俗歌曲，猜猜字谜或者嚼嚼口香糖。你还可以把这首歌完整地放一遍！一些科学家认为，大脑循环播放某一段旋律是因为它还没有找准某个音调。

问 将来的人类有可能把大脑的信息上传到电脑里吗？

答 有这个可能。但是这需要一个超级大的电脑，还要先解决很多问题。想要把想法存进电脑里，首先我们要了解大脑是怎么储存信息的，我们思考的时候大脑是怎么工作的。然后我们还需要想办法把大脑神经元之间的信息翻译成电脑的语言。这些问题可都不简单啊！

最近，一个科学小组模仿老鼠脑袋里面碎屑大小般区域的所有连接，建了一个电脑模型。这一小片区域里包含了 3 万多个神经元，大约 4 千万种连接方式。82 位科学家花了 20 年的时间，在一间满是电脑的房间里完成了这个模型。人类的大脑远比老鼠的大脑复杂几百万倍，人脑里有 1000 多亿个神经元，每个神经元又和另外 1 万个神经元相连，每个神经元还会发出大量不同的化学信号。电脑真的能够模仿人脑吗？至少现在还不行。不过未来的事情，谁又能说清楚呢？

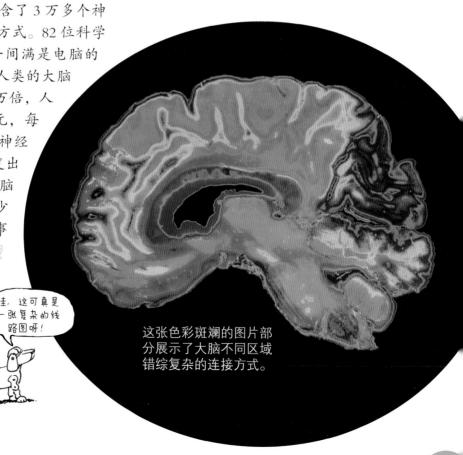

哇，这可真是一张复杂的线路图呀！

这张色彩斑斓的图片部分展示了大脑不同区域错综复杂的连接方式。

没有大脑的生物们

你好，我是水螅。你是不是觉得自己长了个大大的脑袋很了不起呀？要我说，谁需要脑袋呀？脑袋就是一团挤在一起的神经元。看看我，我浑身长满了神经元。为什么要把它们都关在一个地方呢？

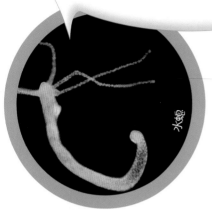

水螅

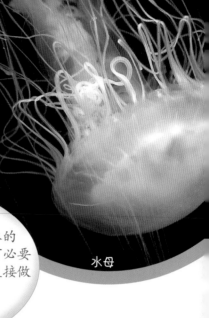

水母

我同意。这样的话，我身体的任何地方就能快速反应。没有必要让信号传来传去，我的胳膊直接做出决定不是很方便吗？

我认为大脑很有用哟，它能出谋划策，还能帮我从水族箱里逃出来。但是我胳膊里的神经元能替我决定去哪里，怎么抓东西，以及如何伪装。我的胳膊们真是帮了我大忙！

章鱼

当我还是一条幼虫，在海里游来游去的时候，我是有大脑的。但我在这块岩石上安家后，我的大脑就消失了。我其实并不怎么想念它。

让我考虑考虑.

算上我一个！

海鞘

没有大脑也行。我就算没有脑袋也能好好地活一个月呢！

蟑螂

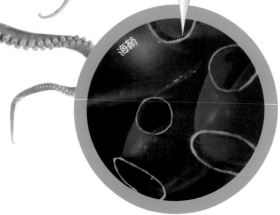

左右颠倒的
自行车

这辆自行车有一个奇特之处——当你向左转把手的时候，车轮会向右转！

萨拉·罗焦 文
帕特里夏·温 绘

这招太妙了！让我们把普拉舍的手推车也改造一下吧！

大人们做什么都比小朋友强吗？这可不一定

德斯坦·桑德林是一名火箭工程师。他聪明幽默，负责给"每天聪明一点点"这个网站制作科学视频。他认为自己还挺聪明的。

一天，桑德林的一位焊工同事想跟他开个小玩笑。焊工制作了一辆颠倒的自行车：把手向右转，车子向左转；把手向左转，车子向右转。

哈哈，是不是很有趣！萨德林立即跨上自行车。一旦你知道这是个小把戏，

你仅仅需要告诉自己，把手向左转时，车轮会向右，把手向右转时，车轮会向左。很简单，是吧？但是桑德林很快发现这没那么简单。事实上，这简直是太难了！每次他想让自行车走直线，他就会摇摇晃晃，从车上摔下来。最后他放弃了，把自行车推回了家。

为什么会这样？桑德林为什么不会骑这辆自行车？

未解之谜

为什么有的人生来就比别人擅长做一些事情呢？

大脑的自动驾驶仪

骑车步骤：脚蹬踏板，身体前倾，向左转把手，车就向左拐。

不对！向左转把手，车向右拐！

哈哈哈！我把前后轮的位置也调换了。

我们的大脑有一个特殊部位——小脑。当你动起来的时候，小脑负责协调身体的各个部位。它还会帮你记住一些复杂的运动，比如走路或者游泳。

骑自行车也是一件相当复杂的事。你需要双脚轮流踩脚蹬，保持平衡，控制方向，手握刹车，观察前方——这所有的动作都要同时完成。那么人们是怎么学会骑自行车的呢？答案就是多多练习！

如果你一次又一次地做同样的动作，比如练习骑车，一段时间后，你的小脑会把这些动作当作是新的、单一的动作——骑自行车。一旦小脑储存了这项运动，你就可以自动地、不假思索地完成这些动作了。比如你在走路的时候，就不需要考虑先抬哪只脚，再抬哪只脚。相反，你只需要想"向前走"，小脑的自动驾驶仪就会处理所有的细节了。

但桑德林发现，这个自动驾驶仪也有缺点。一旦小脑记住了这些程序，就很难再忘记。只要骑上了自行车，小脑就开始指挥身体骑车，但这对左右颠倒的自行车就不管用了。

桑德林很好奇，他到底能不能学会骑这种特别的自行车呢？

他每天都会在车道上练习骑5分钟的车。"我的邻居经常嘲笑我。"桑德林说，"我摔了很多次跤。"他日复一日地练习，坚持了八个月！终于有一天，他学会了骑这种左右颠倒的自行车。"这种感觉就像我的大脑突然开窍了一样。"他说。

成年人的新大脑

为了学会骑左右颠倒的自行车，桑德林不得不让大脑重新学习"骑车"这项指令。虽然很困难，但他还是做到了。

桑德林还发现他5岁的儿子已经学会了骑正常的自行车，于是他也给儿子做了一辆左右颠倒的自行车。然而这位小朋友仅仅用了两周就学会骑这种特别的自行车了！

为什么桑德林的儿子这么容易就学会骑这种自行车了呢？桑德林说，因为儿童的大脑比成年人更灵活。小孩的大脑还在发育，神经元之间有更多的联系，和大人们比起来，不只是学骑车，在其他事情上，孩子们的学习能力也更强，学习速度更快。所以，学习是小朋友们的超能力。我们一定要好好利用它！

也许你会认为，成人大脑的神经元之间的联系比小朋友多。但恰恰相反！婴儿在出生以后就开始探索世界，大脑中的神经元之间也开始建立联系。2岁孩子大脑里的神经元组成了一个复杂无比的网络，所有的神经元都相互连接。然后，大脑渐渐地把这些杂乱的连接清理干净，清除那些没有意义的连接，加固那些经常使用的连接。所以，成人的神经元之间的连接更牢固，但数量就少很多了。

桑德林学会骑左右颠倒的自行车后，他发现自己不会骑普通自行车了。他花了整整20分钟才回忆起如何骑普通自行车。他感叹道："我觉得我是唯一一个忘记怎么骑车的地球人！"

嗨，这个你会读吗？

> 你为什么盯着我看？

嗨，你的大脑现在在干什么呢？读书！看看吧！你又在读书了！继续读吧，这是个好习惯。阅读是大脑能做的最令人惊叹的事情之一。

> 接着读下去，你就能知道读书的秘密了。

蕾切尔·扬　文
杰夫·哈特　绘

　　读书之前，你需要拿起一本书，或者捧一本《小百科》在手里。即使这样一个简单的动作也会消耗大量的脑力。小脑控制身体平衡，它与大脑内负责视觉和行动的区域共同合作，让你能稳稳地拿住书本。翻开书之后，你的眼睛就要开始工作了。

　　看书的时候，你的大脑告诉眼睛要集中注意力。虽然看起来，你的眼睛是在不停地浏览文章，但其实你是在一小段一小段地看，每次大约能看10个词。眼睛里的细胞会通过视觉神经向大脑传递它们所看到的形状和颜色的信息。

拿稳　专注　集中注意力　读书前

从字母出发

在大脑认出"写"这个词后，大脑会把信号传递给大脑底部一个特殊的文字解码区。

这个文字解码区域有一项特殊的技能。不论字母"a"怎么写，字号有多大，这个区域也能把它认出来。而且，就算字母"p"和字母"q"形状基本相同，文字解码区也能将这两个字母区分开来。

这个区域里的每一个神经元只能认出一种线条或者曲线。当看到自己认识的特殊形状后，这个神经元就会兴奋，产生冲动。一组神经元一起冲动，说明它们认出了一条直线、一个圆圈、两条曲线组成的字母"a"。

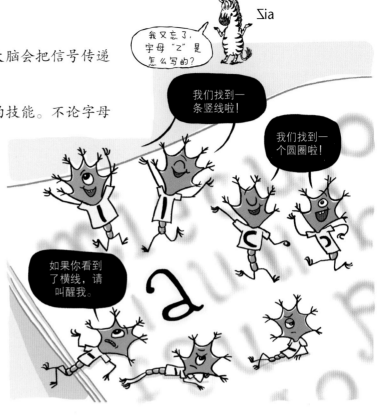

拼写词语

神经元在产生冲动后，会把信号传递给与它相连的神经元。并不是一个神经元为一个字母或者单词产生冲动，而是一大群，像是吵闹的人群。

当你看到一组字母，比如"ake"的时候，所有包含"ake"词汇的神经元开始产生冲动，开始给认识的词汇投票。但是假如你也看到了字母"c"，而非字母"r"或者"m"，那么"cake"的票数会比"rake"或者"make"高。这样"cake"就胜出了。虽然过程非常吵闹，但是却非常高效。这让你的大脑一次可以解码许多单词。

那个词我认识

对于那些你以前见过，很容易认出来的词语，看到它们的形状，就能想起它们的意思和读音。这些词语还会让你回忆起更多的事情。当你看到"cake"这个词时，你马上会想到这是一种美味可口的点心，还会想起每次吃蛋糕的场景，有谁和你一起分享，蛋糕是什么口味的，你最喜欢吃哪种蛋糕，你甚至还能记起来怎么做一个蛋糕。

从学校毕业以后，你的大脑会认识50000多个单词、名字和缩写。因为词汇连接着回忆，所以每个人对同一个词语的理解会存在一些差别。

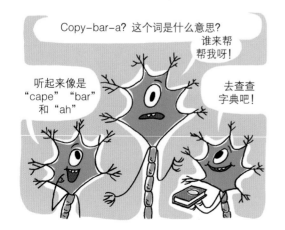

这个词是什么意思?

如果遇到了陌生的词语或者不认识的词，你的大脑会回忆这些字母的读音，然后试着把这些词读出来。接着，大脑的文字解码区在你的记忆里搜索，看看你之前是否遇到过这个词。如果之前没有遇到过，那你是不是听别人说过?

连词成句

你在读书的时候，大脑会把读过的词语的意思短暂地储存起来。大脑通过建立这样一个临时区域，帮你连词成句，然后理解句子的意思。你的大脑还喜欢预测，你在读这一个词的时候，大脑会发出微弱的信号，让那些可能出现的词做好准备。所以有时候我们会把句子读错，尤其是在这个句子超乎我们想象的时候。假如你读到"birthday"这个词，你的大脑会预测下一个词是"cake"，但你猜错了！下一个词其实是"cat"。

开动脑筋

接下来，根据词语在句子里的位置，大脑把每个词的意思组合起来，就能想象出一幅画面：一只猫在吃一个蛋糕（或者一个蛋糕在吃一只猫，词语的顺序很重要）。这个句子让你的脑筋开动起来，你会想出更多的句子和它组合在一起，形成一个段落，最后变成一个故事，你甚至会开始反思你的大脑。

所以，既然你知道了我们的阅读秘密，就请继续往下读吧！

换个方法看世界

伊丽莎白·普勒斯顿 文

胡穆迪使用的方法叫作回声定位，在声音反弹后，通过听回声，确定物体的位置。这不算是一种超能力。但它向我们证明了人类的大脑拥有无限可能。即使失去了五种感官中的一种，人类也可以通过其他方式来感知世界。

用耳朵看

有一些动物也会用回声定位来感知环境。到了晚上，蝙蝠在飞行的过程中会发出尖锐的叫声。听到回声后，它盘旋在树的周围，在漆黑的夜晚，精准地捕捉树上的虫子。海豚也用类似的方法寻找鱼群。它们发出一连串的"哒哒"声，声音在碰到周围的物体后反弹，海豚通

你能教我如何在黑暗中飞行吗？

13岁的胡穆迪·史密斯能用舌头发出"哒哒哒"的声音，从而了解周围的环境，让自己畅通无阻地行走。因为他发出的声音碰到树或者他面前的其他物体后会反弹回来。即使双眼看不见，胡穆迪也能通过回声判断周围都有些什么东西。

未解之谜

我们看到的颜色是一模一样的吗？

过回声判断周围是否有美味的食物。

胡穆迪出生在伊拉克。两岁的时候，他的脸遭到了严重的毁坏，双眼因此失明。后来他来到美国接受治疗，现在，他生活在华盛顿州的一个美国家庭里。

他很快就学会了用指尖阅读盲文，用一根手杖四处走动。通过敲打东西发出声音，根据回声判断周围的物体。一开始，他的这种能力并不是很强，他最多只能判断自己面前是否有一堵墙。

为了帮助胡穆迪提高这种能力，家人给他找了一位名叫胡安·鲁伊斯的老师来教他使用回声定位。鲁伊斯老师也是位盲人，多年以来，他一直在使用回声定位。他说过，即使没有双目失明，人们也可以试一试这个方法。站在离墙几步远的地方，然后发出声音，同时竖起耳朵仔细听。接下来，离墙近一点，继续发出声音。别停下来，离墙再近一些，你能听出声音发生了什么变化吗？

你可以在家里做一个实验，当你在不同的房间发出声音，你听到的声音分别是什么样的？"每个房间都有不同的回声。"鲁伊斯说。那么在厨房或者浴室里听到的回声与在铺了地毯的房间里听到的回声有什么区别呢？你在走廊里又能听见什么样的回声呢？你听见的这些差别正是盲人们寻找的线索。经过长年累月的练习，他们的大脑学会了从这些线索中收集详细信息。

胡穆迪并没有因为失明而灰心丧气。学习回声定位能够帮他更安全自如地活动，尤其是在像足球场这些没办法用手杖的地方。

发出持续的声波

哒哒哒

大脑根据回声传回的时间判断物体的远近

哦，"小白鼠"亮了！

科学家们是如何观察大脑内部的呢？他们通过核磁共振器或者在头部装上传感器来观测大脑中血流的变化。血流量越多的地方，大脑越活跃。

脑部扫描显示，回声定位者在听到回声的时候，大脑负责视觉的部分活跃了起来。

改变大脑

盲人在使用回声定位的时候会看见什么？

科学家洛尔·泰勒研究大脑是如何进行回声定位的。通过扫描大脑，她观察到人们在完成不同任务的时候，大脑的活跃部位是不同的。她惊奇地发现，盲人在学习回声定位的时候，他们利用的就是大脑负责视觉的区域。"他们基本上重设了自己的大脑。"她说。这样做没什么不对，因为盲人的大脑不需要一个区域来解码自己看到的东西。所以，为什么不利用这些神经元来解码回声呢？

这并不代表他们能"看见"我们看到的东西。通过回声定位，盲人能判断形状，但无法分辨颜色和印在纸上的文字。他们"看见"的就像是一张模糊的黑白照片。但是，在实验室测试了回声定位后，泰勒发现，除了发现障碍物，他们能做的事情还有很多。利用回声定位，盲人能够判断这个物体是一棵树、一辆车还是一个路灯，还可以判断物体的大小和远近。"回声定位几乎就是盲人的另一双眼睛。"泰勒感叹道。

人类的回声定位技术可不是一项新发现。许多盲人在小时候经常做声音游戏，自然而然就掌握了回声定位。虽然不能知道准确的数量，但差不多每三个盲人中就有一个会回声定位。

一件正常的事情

　　熟练地掌握回声定位需要花很长的时间，而且并不是每次都能判断正确，有时候是会撞到东西的。达尼尔·基什是一名回声定位专家，他认为盲人应该自由自在、勇敢自信地生活。"撞上栏杆的确很烦人，"他说，"但失去了撞栏杆的自由就太可悲了。"

　　丹尼尔·基什从小自学回声定位，现在他就职于盲人无障碍世界组织，专门教盲人使用回声定位。他和鲁伊斯组建了一个盲人山地自行车队。在听了盲人骑手的故事后，越来越多的人想学习回声定位。现在，他们的学生还可以潜水、滑雪和登山。

　　胡穆迪也喜欢待在户外，他喜欢跑步、游泳和摔跤。当人们第一次看到他运用"回声定位"时，会好奇他在做什么。"但我

的朋友们都觉得这只是一件很正常的事情。"他说。

　　胡穆迪说："如果我们在路上遇见了盲人或者其他残障人士，你们把他们当成普通人就好了。但有一点你要记住，他们可能正用一种你想象不到的方式来感知着这个世界。"

未解之谜

大脑是如何管理自己的？

大脑训练营

詹妮弗·斯汪森　文
艾德·舍姆斯　绘

星期一

周一上午，格林老师宣布："同学们，这周五咱们要做一个行星小测验。你们要按顺序记住每颗行星的名字，还要知道它们绕太阳转一圈需要多长时间。如果能说出每颗行星有几颗卫星，还能得到附加分！"

蒂姆嘟囔说："完蛋了，我可记不住这么多东西。"

托德看上去并不担心。"我记住了：水金地火木土星，天王海王绕外边。"他像唱歌一样哼了起来。

蒂姆疑惑地问："什么意思？"

托德说："每个词都是行星的开头呀：水代表水星，金代表金星，地是地球，火是火星，木是木星，土是土星，天王代表天王星，海王代表海王星。明白了吗？"

周一晚上，蒂姆哼着这首歌入睡了。"水金地火……"

24

星期二

蒂姆发现莉莉在给行星们画搞笑表情。这些表情其实是行星的公转周期。她一边画，一边念押韵的口诀：

"水星绕一圈88天，金星需要225天，木星要花12年，天王苦苦等待84年。"蒂姆说："你也有口诀！""口诀可以帮我记住这些没有规律的数字。"莉莉说，"就像广告词一样朗朗上口。"

蒂姆也坐下来，开始了涂鸦。

星期三

未解之谜

神经元是如何知道一首歌的曲调和歌词是相匹配的？

蒂姆注意到山姆在很奇怪地用手指敲桌子。

"水"

"金"

"地"噔！

"火"噔！噔！

"你在做什么？"蒂姆问。

"我在数卫星。"山姆回答，"我的每根手指都代表了一颗行星，左手是岩石行星，右手是气态巨型行星。我的手指能敲出卫星的数量。快，你快考考我！"

"木星"蒂姆问。

山姆的手指开始敲桌子。"79颗卫星！"

"可是你没有敲79下桌子呀！"蒂姆说。

山姆笑了起来，说："用指甲敲一次算十次。再考考我其他的吧！"

蒂姆皱起了眉头，说："这个方法好像很复杂。"

山姆耸了耸肩，对他说："我的手指已经习惯了用敲桌子的方式来记忆了。"

苏菲嚼着口香糖走进了教室，蒂姆问她："你能给我吃一块吗？"

"你也在学习吗？"苏菲说，"味道是记东西的好帮手，对吧？"

"什么意思？"蒂姆问。

"如果你在学习的时候，吃一种口味的口香糖，然后在考试之前，你再吃一颗这种口味的口香糖，你就能把存在味道里的知识都想起来啦！我把行星知识记在了我最爱的肉桂味口香糖里。当我嚼口香糖的时候，我就想象自己在水星上，头上别着88个蝴蝶结发卡。"

蒂姆没太听明白。但放学后，蒂姆也开始一边嚼口香糖，一边用手指敲桌子，还在心里默念口诀，同时想象着自己在画着数字表情的行星间跳来跳去。这简直太累了，所以蒂姆早早地爬上床，睡了个大觉。

未解之谜

你体内的微生物可以和大脑交流吗？

终于到了考试的日子！每个小朋友都拿出铅笔……

晚上，蒂姆飞快地冲进家门，妈妈问他："考得怎么样呀？"

"棒极了！"蒂姆说。

"我记住了山姆和他敲的79下桌子、我的火星表情包和苏菲头上的88个蝴蝶结发卡。"

妈妈笑着说："我记东西的窍门是每天都重复想一想我需要记的事情。"

"你是不是就用这种方法记住了我的名字呀？"蒂姆问。

"哈哈。"妈妈大笑，拿出了一些"海王星状"的零食。

考试密招

1. 你记得越多，就越容易记住更多的东西。其实，记忆不像是一个能被装满的盒子，而是像肌肉，用得越多，它就越强壮。

2. 把要记的东西编成曲子或者顺口溜。享受学习的乐趣！

3. 时不时地考考自己。

4. 把需要记的内容画下来！可以是一张卡通图画或者是图片。

5. 按照你的规律敲手指或者跺脚，记忆的方法越多，记住的东西就越多。

6. 学习的时候闻一种特殊的气味，考试之前，再闻一次这种气味。气味就会帮你想起学过的知识。

7. 放轻松，深呼吸，慢慢地从一数到八，让记忆之门缓缓打开。你一定可以的！

8. 考试前或者在去学校的路上跑跑步，你的大脑就能获得更多的氧气来思考。

9. 睡觉！睡着的时候，记忆会加深！

10. 不要慌！如果这道题不会做，就先做下一道题。灰心丧气只会浪费时间。你在做其他题的时候，没准就突然想起来前面那道题该怎么做啦！

问问你自己，出题人会怎么回答？

博特的
神奇数学

大脑褶皱

伊瓦尔斯·彼得森 文　　　索尔·威克斯特龙 绘

人类的大脑为什么是皱巴巴的？

大脑虽然是人体最重要的器官，但它长得并不怎么好看。它是粉色的、黏糊糊的，像核桃一样皱巴巴的。但正是这些褶皱让你的大脑如此强大。

大脑的表面，也就是大脑的最外层，叫皮质。皮质是负责思考的区域。皮质的面积越大，你的思维能力就越强。如果大脑像橙子皮一样光滑，那大脑的表面积有多大呢？你可以沿着一个橙子，在一张纸上画几个橙子大小的圆圈，然后削掉橙子皮，把果皮切

成一小块一小块的。接着把橙子皮铺在圆圈里，一个橙子的外皮只能铺满四个圆圈。任何光滑的球体都和橙子差不多：它们

的表面积是横截面积的4倍。

但如果橙子的表面也长满了皱巴巴的褶皱，结果会不同吗？剥开这样的橙子，它的表皮能铺满的圆圈不止4个。正是因为有了褶皱，大脑用来思考的区域变得更大了，否则你的脑袋会像沙滩排球那么大。

大脑在发育的过程中，会像被揉皱的纸团一样在颅骨里折叠起来。纸团的表面积没有发生变化，但是揉成一团后，占用的空间就变小了。

如果你把大脑的皮质弄平，它大概和两页报纸一样大，上面能画远不止四个脑袋大小的圆圈呢！